# Daniels Freunde

Daniel Dachs hat viele Freunde. So findest du heraus, welches Tier er am allerliebsten mag: Male im Kreis alle Felder aus, in denen du eine Zahl aus dem 2er-Einmaleins entdeckst.

Na, jetzt weißt du, wen Daniel am liebsten mag.

- Male dieses Tier mit Buntstiften aus.

# Daniels Freunde

Daniel Dachs hat viele Freunde. So findest du heraus, welches Tier er am allerliebsten mag: Male im Kreis alle Felder aus, in denen du eine Zahl aus dem 2er-Einmaleins entdeckst.

Na, jetzt weißt du, wen Daniel am liebsten mag.

- Male dieses Tier mit Buntstiften aus.

# Herbert und Helma Hase

Herbert und Helma Hase sind Geschwister.
Ganz egal, was Herbert hat, Helma will immer 2-mal so viel.

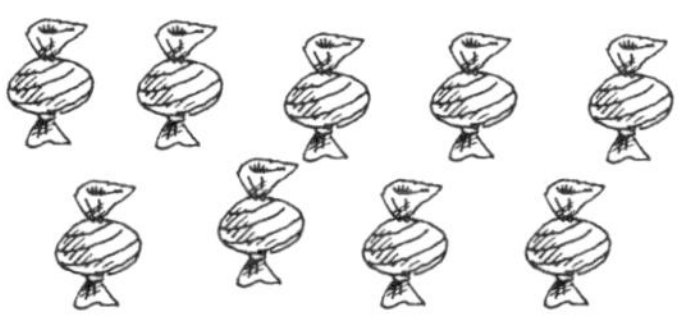

$9 \cdot 2 = \square$

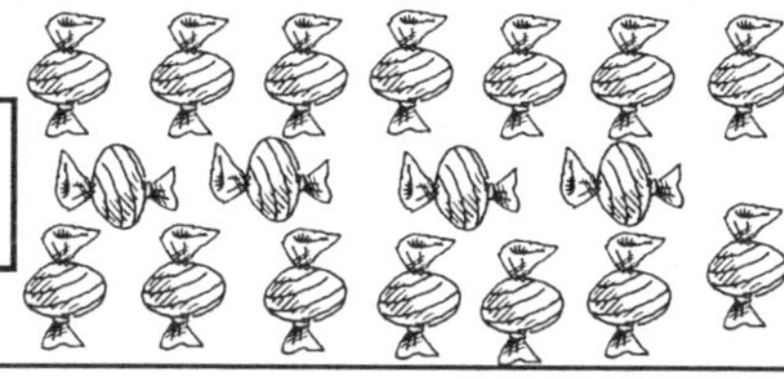

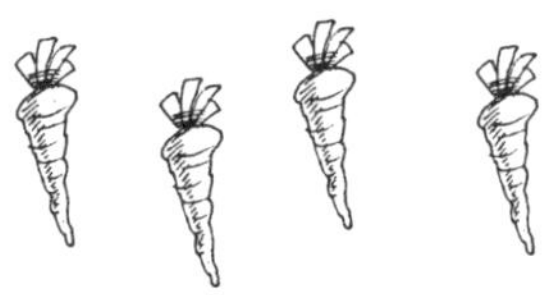

$\square \cdot 2 = \square$

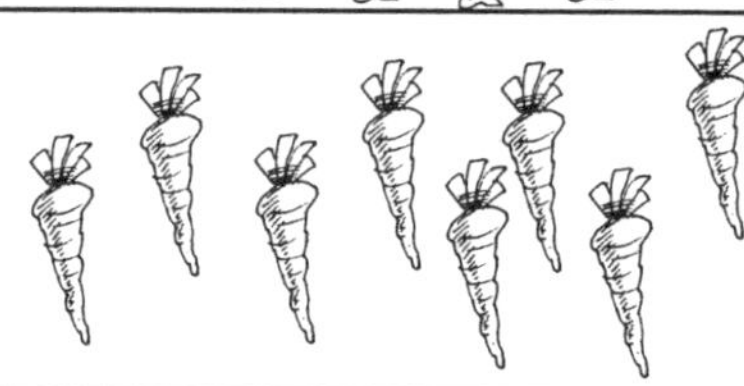

$\square \cdot 2 = \square$

$\square \cdot 2 = \square$

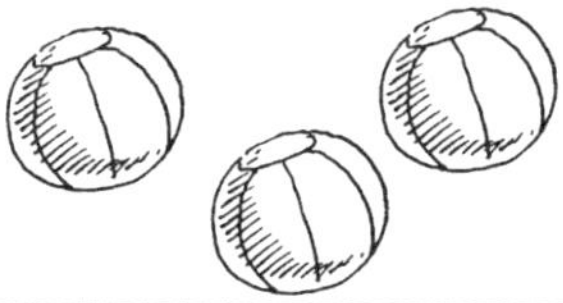

$\square \cdot 2 = \square$

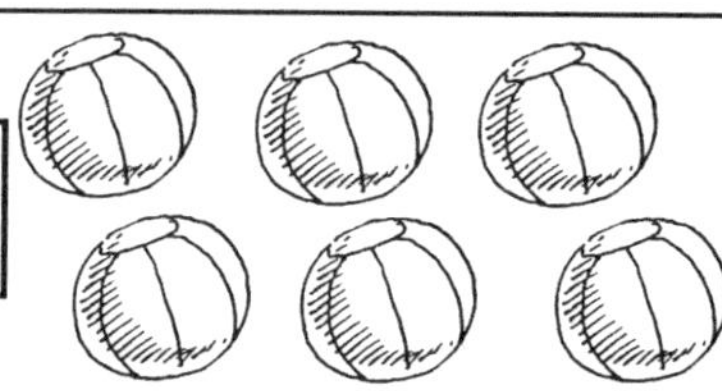

$\square \cdot 2 = \square$

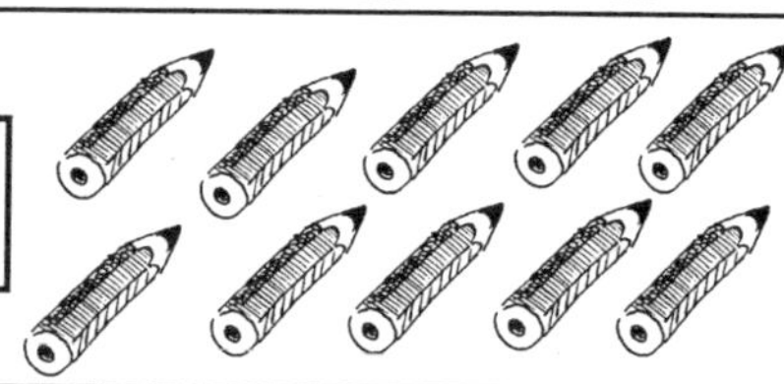

# Herbert und Helma Hase

Herbert und Helma Hase sind Geschwister.
Ganz egal, was Herbert hat, Helma will immer 2-mal so viel.

9 · 2 = 18

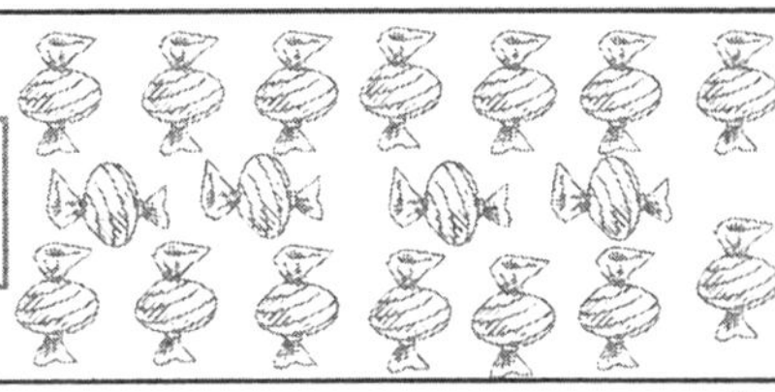

4 · 2 = 8

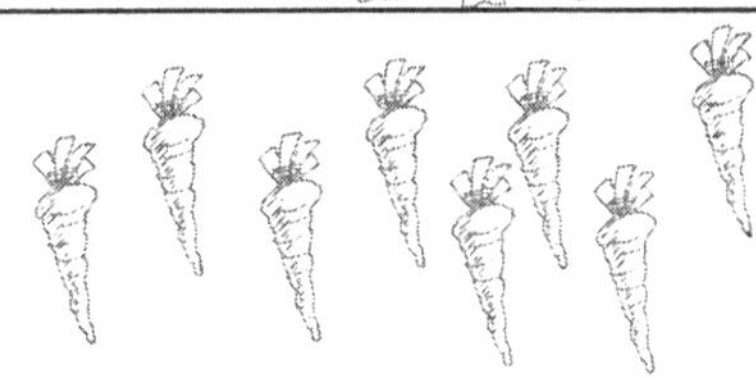

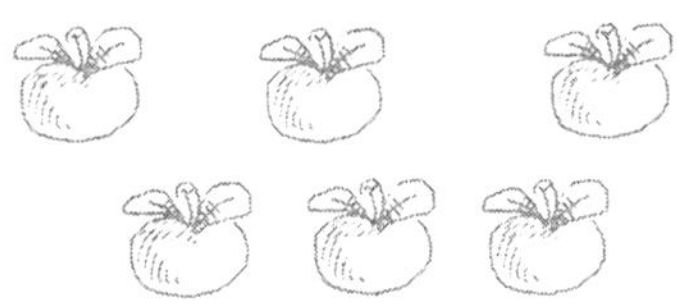

6 · 2 = 12

1 · 2 = 2

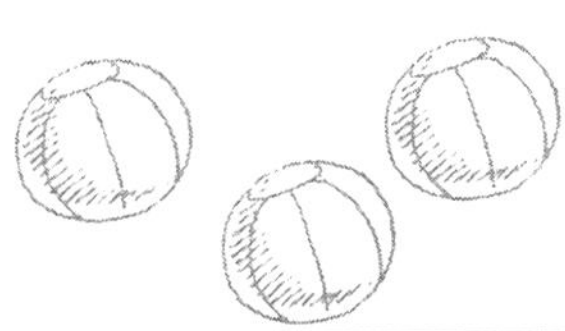

3 · 2 = 6

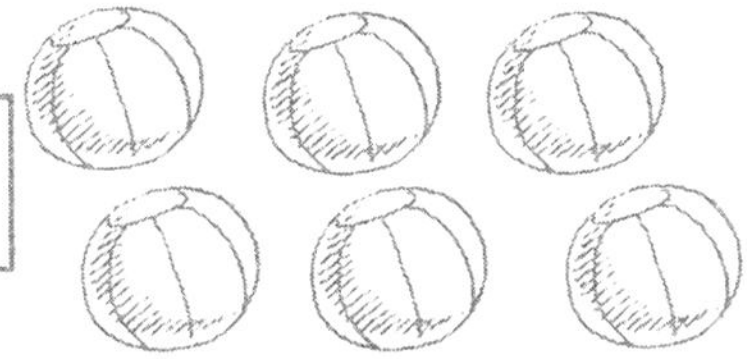

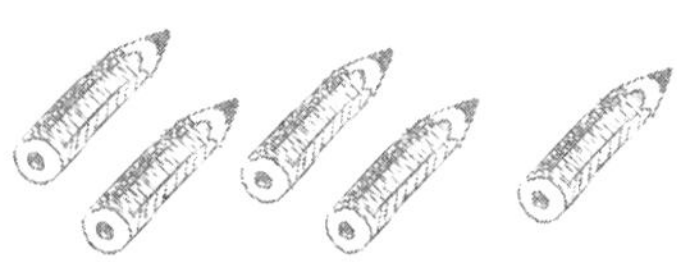

5 · 2 = 10

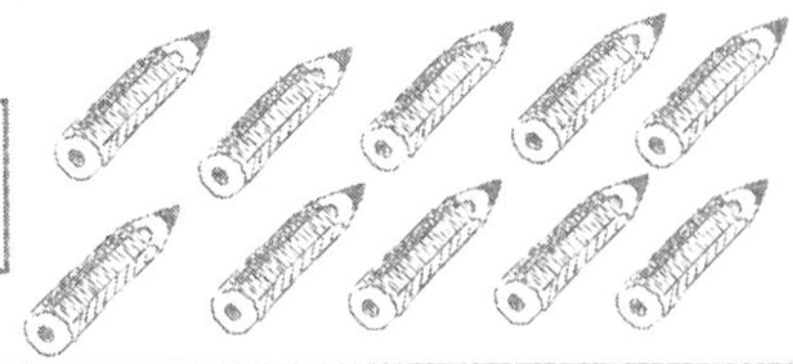

# Die Hasensiedlung

Am Dachslbacher Weiher wurde eine Neubausiedlung für Hasen gebaut.
Wenn du die Hausnummern und die Schilder der Hasen vergleichst, bekommst du schnell heraus, wer wohin gehört.

- Verbinde bitte jeden Hasen mit seinem neuen Zuhause.

Kannst du das?

| | | |
|---|---|---|
| 3 · 10 = [30] | 1 · 10 = [ ] | 82 = [8] · 10 + [2] |
| 7 · 10 = [ ] | 8 · 10 = [ ] | 77 = [ ] · 10 + [ ] |
| 5 · 10 = [ ] | 2 · 10 = [ ] | 91 = [ ] · 10 + [ ] |
| 4 · 10 = [ ] | 9 · 10 = [ ] | 26 = [ ] · 10 + [ ] |
| 10 · 10 = [ ] | 6 · 10 = [ ] | 107 = [ ] · 10 + [ ] |

# Die Hasensiedlung

Am Dachslbacher Weiher wurde eine Neubausiedlung für Hasen gebaut.
Wenn du die Hausnummern und die Schilder der Hasen vergleichst, bekommst du schnell heraus, wer wohin gehört.

- Verbinde bitte jeden Hasen mit seinem neuen Zuhause.

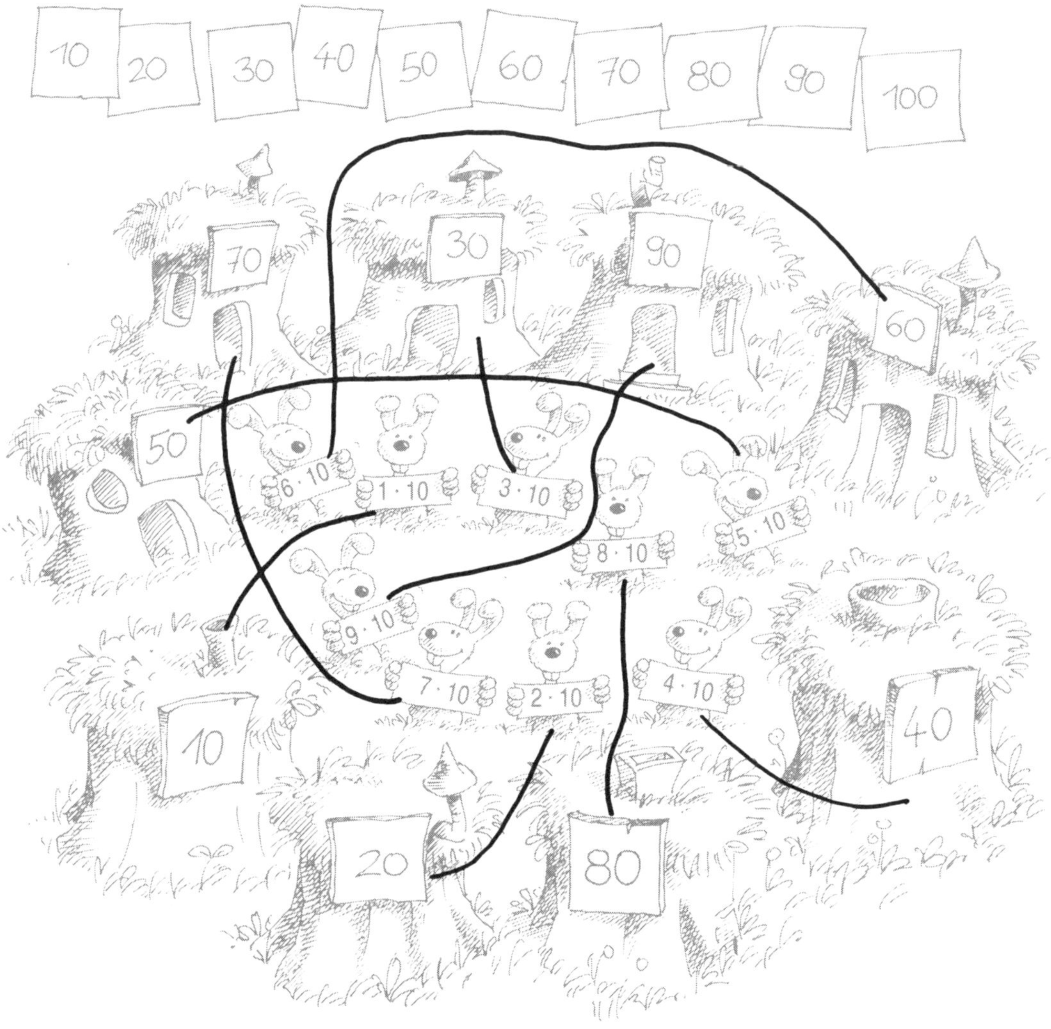


Kannst du das?

| | | | | | | | | |
|---|---|---|---|---|---|---|---|---|
| 3 · 10 = | 30 | 1 · 10 = | 10 | 82 = | 8 | · 10 + | 2 |
| 7 · 10 = | 70 | 8 · 10 = | 80 | 77 = | 7 | · 10 + | 7 |
| 5 · 10 = | 50 | 2 · 10 = | 20 | 91 = | 9 | · 10 + | 1 |
| 4 · 10 = | 40 | 9 · 10 = | 90 | 26 = | 2 | · 10 + | 6 |
| 10 · 10 = | 100 | 6 · 10 = | 60 | 107 = | 10 | · 10 + | 7 |

# Enteneier

Ja, was ist denn das? Ente Emmi ist empört. Da hat ihr doch glatt jemand ein falsches Ei untergelegt. Emmis Eier tragen nämlich nur die Zahlen des 5er-Einmaleins.

- Findest du das falsche Ei? Kreuze es bitte an.

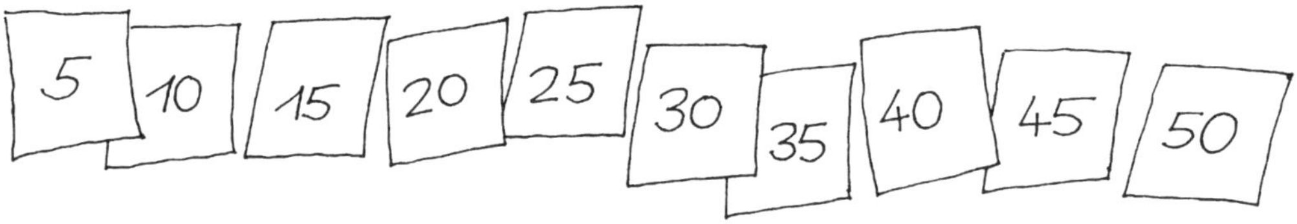

Rechne und fülle die leeren Kästchen aus.

| | | |
|---|---|---|
| 2 · 5 = 10 | 3 · 5 = ☐ | 22 = 4 · 5 + 2 |
| 4 · 5 = ☐ | 8 · 5 = ☐ | 16 = ☐ · 5 + ☐ |
| 9 · 5 = ☐ | 6 · 5 = ☐ | 48 = ☐ · 5 + ☐ |
| 1 · 5 = ☐ | 10 · 5 = ☐ | 39 = ☐ · 5 + ☐ |
| 5 · 5 = ☐ | 7 · 5 = ☐ | 8 = ☐ · 5 + ☐ |

# Enteneier

Ja, was ist denn das? Ente Emmi ist empört. Da hat ihr doch glatt jemand ein falsches Ei untergelegt. Emmis Eier tragen nämlich nur die Zahlen des 5er-Einmaleins.

- Findest du das falsche Ei? Kreuze es bitte an.

Rechne und fülle die leeren Kästchen aus.

| | | |
|---|---|---|
| 2 · 5 = 10 | 3 · 5 = 15 | 22 = 4 · 5 + 2 |
| 4 · 5 = 20 | 8 · 5 = 40 | 16 = 3 · 5 + 1 |
| 9 · 5 = 45 | 6 · 5 = 30 | 48 = 9 · 5 + 3 |
| 1 · 5 = 5 | 10 · 5 = 50 | 39 = 7 · 5 + 4 |
| 5 · 5 = 25 | 7 · 5 = 35 | 8 = 1 · 5 + 3 |

# Tierzählung

Daniel Dachs zählt jeden Tag die Tiere, die an seiner Wohnung vorbeimarschieren. Für jedes Tier malt er einen Strich an die Wand, den fünften Strich malt er quer.

Schreibe bitte zu jedem Tag die passende Einmaleins-Aufgabe und rechne aus, wie viele Tiere an Daniels Wohnung vorbeikamen.

# Tierzählung

Daniel Dachs zählt jeden Tag die Tiere, die an seiner Wohnung vorbeimarschieren.
Für jedes Tier malt er einen Strich an die Wand, den fünften Strich malt er quer.

Schreibe bitte zu jedem Tag die passende Einmaleins-Aufgabe und rechne aus, wie viele Tiere an Daniels Wohnung vorbeikamen.

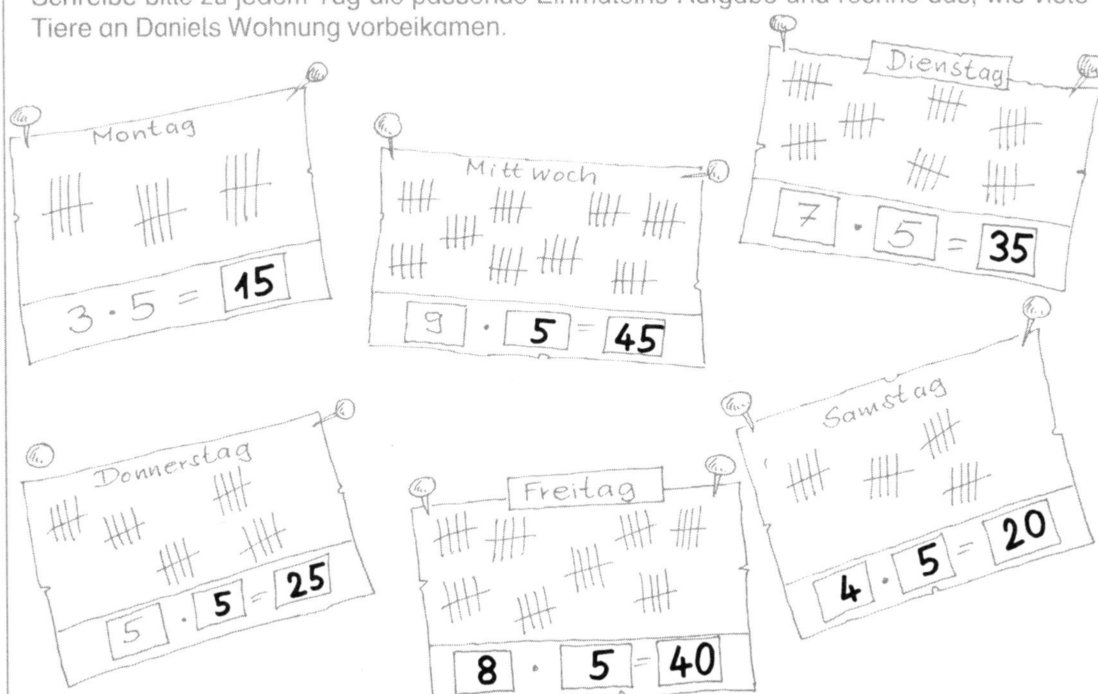

# Das Hasenballett

1. Kreuze alle Vielfachen von 5 an.

2. Kreuze alle Vielfachen von 10 an.

3. Kreuze alle Vielfachen von 2 an.

4. Kreuze alle Vielfachen von 5 an, die größer sind als 20.

5. Kreuze alle Vielfachen von 2 an, die kleiner sind als 10.

Lösung
① 20, 45, 25
② 40, 80, 100
③ 12, 18, 6, 14
④ 25, 35, 50
⑤ 4, 8

# Das Hasenballett

1. Kreuze alle Vielfachen von 5 an.

2. Kreuze alle Vielfachen von 10 an.

3. Kreuze alle Vielfachen von 2 an.

4. Kreuze alle Vielfachen von 5 an, die größer sind als 20.

5. Kreuze alle Vielfachen von 2 an, die kleiner sind als 10.

Lösung
① 20, 45, 25
② 40, 80, 100
③ 12, 18, 6, 14
④ 25, 35, 50
⑤ 4, 8

# Daniels Rechenmaschine

Die Rechenmaschine nimmt alle Zahlen, die man einfüllt, mit 4 mal.

- Kannst du die Kärtchen, die unten aus der Maschine flattern, richtig beschriften? Achte auf die Reihenfolge.

- Setze die Zahlenreihe fort.

- Kannst du das 4er-Einmaleins auswendig rückwärts aufsagen? Probiere es aus: 40, 36, …

# Daniels Rechenmaschine

Die Rechenmaschine nimmt alle Zahlen, die man einfüllt, mit 4 mal.

- Kannst du die Kärtchen, die unten aus der Maschine flattern, richtig beschriften?
  Achte auf die Reihenfolge.

- Setze die Zahlenreihe fort.

- Kannst du das 4er-Einmaleins auswendig rückwärts aufsagen?
  Probiere es aus: 40, 36, …

# Das Einmaleins mit 4

- Schreibe neben jedes Bild die passenden Rechenaufgaben.

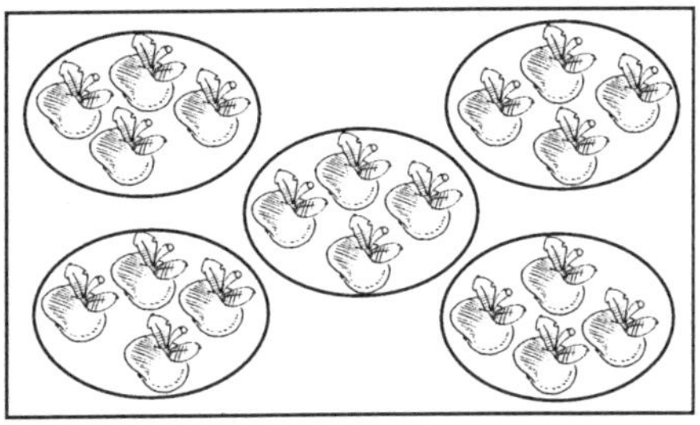

4 + 4 + 4 + 4 + 4 = □

5 · 4 = □

4 + 4 + 4 = □

□ · 4 = □

□ + □ + □ + □ + □ + □ = □

□ · 4 = □

□ + □ = □

□ · □ = □

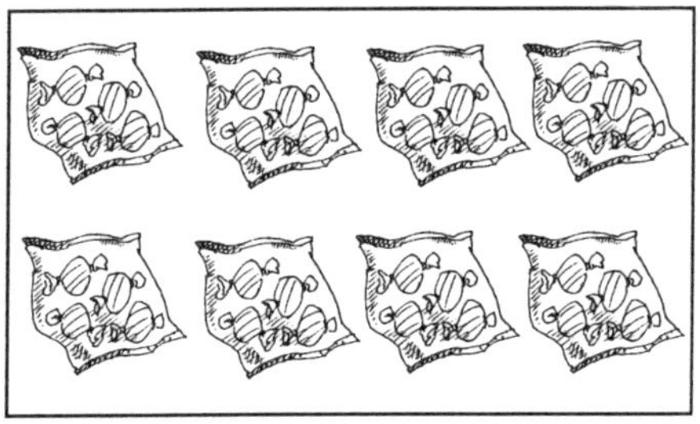

□ + □ + □ + □ + □ + □ + □ + □ = □

□ · □ = □

- Hole tief Luft, schließe die Augen und sage alle Vielfachen von 4 der Reihe nach auf. Fange so an: 4, 8, …

# Das Einmaleins mit 4

- Schreibe neben jedes Bild die passenden Rechenaufgaben.

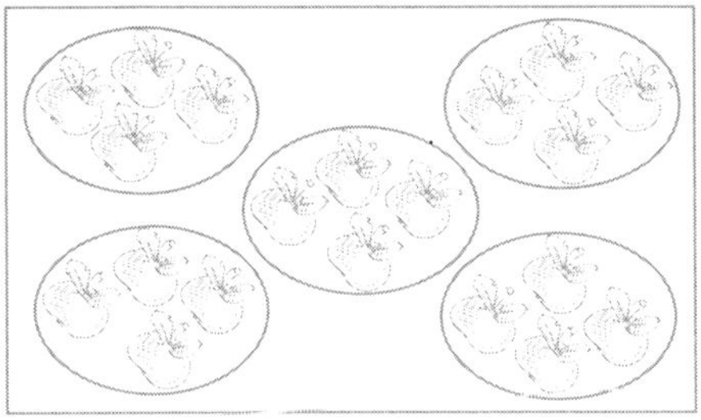

$4 + 4 + 4 + 4 + 4 = 20$

$5 \cdot 4 = 20$

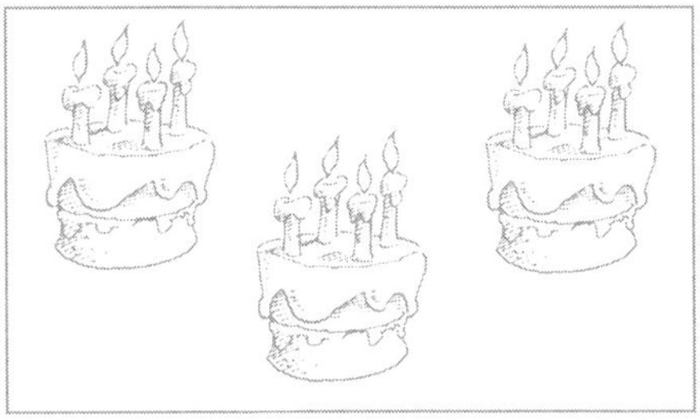

$4 + 4 + 4 = 12$

$3 \cdot 4 = 12$

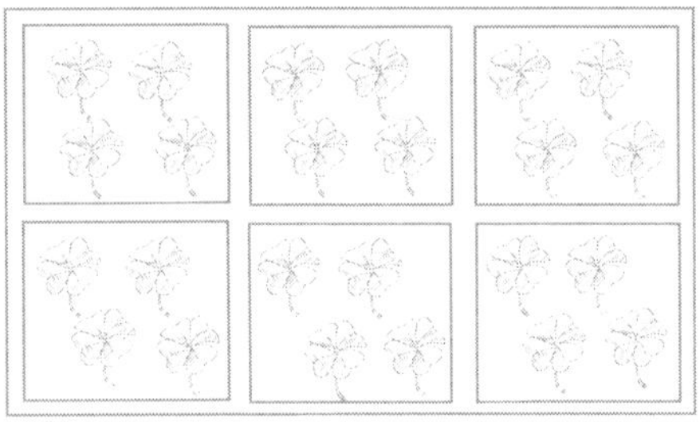

$4 + 4 + 4 + 4 + 4 + 4 = 24$

$6 \cdot 4 = 24$

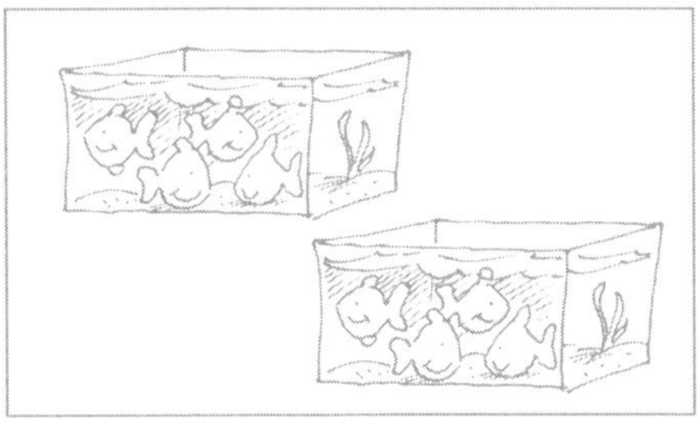

$4 + 4 = 8$

$2 \cdot 4 = 8$

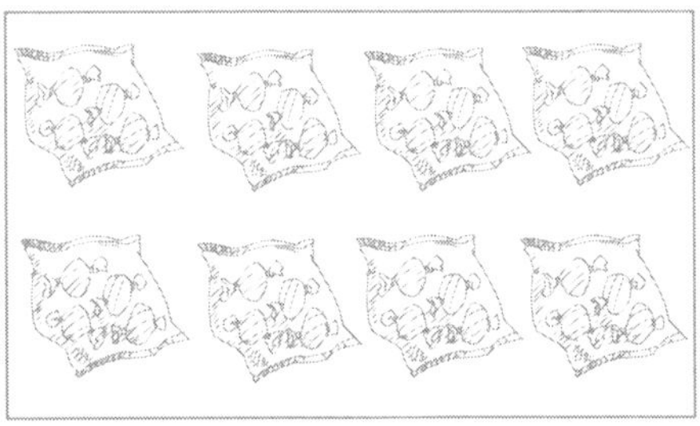

$4 + 4 + 4 + 4 + 4 + 4 + 4 + 4 = 32$

$8 \cdot 4 = 32$

- Hole tief Luft, schließe die Augen und sage alle Vielfachen von 4 der Reihe nach auf. Fange so an: 4, 8, 12, 16, 20, 24, 28, 32, 36, 40

# Veronikas Schachtelhaus

Wanderratte Veronika hat sich ein Haus aus vielen Schachteln gebaut.
In jeder Schachtel stecken zwei Rechenaufgaben.

- Ergänze die fehlenden Zahlen.

- Vergleiche deine Ergebnisse mit den Lösungszahlen auf der Fahne.

## Veronikas Schachtelhaus

Wanderratte Veronika hat sich ein Haus aus vielen Schachteln gebaut.
In jeder Schachtel stecken zwei Rechenaufgaben.

- Ergänze die fehlenden Zahlen.

- Vergleiche deine Ergebnisse mit den Lösungszahlen auf der Fahne.

# Daniel, der Zirkusclown

Clown Daniel jongliert mit den Zahlen des 8er-Einmaleins. Aber schau genau!
Zwei falsche Zahlenbälle sind auch dabei.

- Streiche sie bitte durch.

- Trage die fehlenden Zahlen ein.

| | | |
|---|---|---|
| 3 · 8 = ☐ | ☐ · 8 = 40 | 73 = ☐ · 8 + ☐ |
| 7 · 8 = ☐ | ☐ · 8 = 72 | 25 = ☐ · 8 + ☐ |
| 4 · 8 = ☐ | ☐ · 8 = 16 | 11 = ☐ · 8 + ☐ |
| 6 · 8 = ☐ | ☐ · 8 = 80 | 34 = ☐ · 8 + ☐ |
| 8 · 8 = ☐ | ☐ · 8 = 8 | 50 = ☐ · 8 + ☐ |

# Daniel, der Zirkusclown

Clown Daniel jongliert mit den Zahlen des 8er-Einmaleins. Aber schau genau!
Zwei falsche Zahlenbälle sind auch dabei.

- Streiche sie bitte durch.

- Trage die fehlenden Zahlen ein.

| | | |
|---|---|---|
| 3 · 8 = 24 | 5 · 8 = 40 | 73 = 9 · 8 + 1 |
| 7 · 8 = 56 | 9 · 8 = 72 | 25 = 3 · 8 + 1 |
| 4 · 8 = 32 | 2 · 8 = 16 | 11 = 1 · 8 + 3 |
| 6 · 8 = 48 | 10 · 8 = 80 | 34 = 4 · 8 + 2 |
| 8 · 8 = 64 | 1 · 8 = 8 | 50 = 6 · 8 + 2 |

# Der Apfelbaum

Daniel Dachs und seine Freundin Veronika pflücken Äpfel. Daniel pflückt die Äpfel mit Zahlen aus dem 8er-Einmaleins und Veronika pflückt die Äpfel des 5er-Einmaleins.

- Male Daniels Äpfel rot aus.
- Male Veronikas Äpfel gelb aus.
- Wer pflückt mehr Äpfel?
  Kreuze an.

○ 

○ 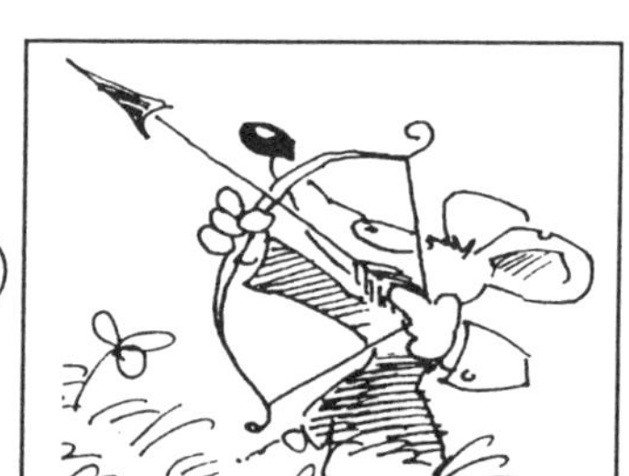

# Der Apfelbaum

Daniel Dachs und seine Freundin Veronika pflücken Äpfel. Daniel pflückt die Äpfel mit Zahlen aus dem 8er-Einmaleins und Veronika pflückt die Äpfel des 5er-Einmaleins.

- Male Daniels Äpfel rot aus.
- Male Veronikas Äpfel gelb aus.
- Wer pflückt mehr Äpfel? Kreuze an.

X 

○ 

# Die Luftballons

Zirkusclown Daniel verteilt an die Hasenkinder Luftballons. Welcher Hase bekommt wohl welchen Luftballon?
Vergleiche dazu die Aufgaben auf den Luftballons mit den Zahlen auf den Schildern.
Du kannst jedes Häschen und seinen Luftballon in der gleichen Farbe ausmalen.

# Die Luftballons

Zirkusclown Daniel verteilt an die Hasenkinder Luftballons. Welcher Hase bekommt wohl welchen Luftballon?
Vergleiche dazu die Aufgaben auf den Luftballons mit den Zahlen auf den Schildern.
Du kannst jedes Häschen und seinen Luftballon in der gleichen Farbe ausmalen.

15 = 3 · 5
20 = 5 · 4
16 = 4 · 4
24 = 3 · 8
14 = 7 · 2

# Das Dreikornfest

Am Dachslbacher Weiher wird heute das Dreikornfest gefeiert. Die Tiere tragen Fahnen mit Zahlen aus dem 3er-Einmaleins.
Aber leider fehlt auf jeder Fahne eine Zahl.
Schreibe in jeden leeren Kreis die fehlende Zahl.

- Male bitte alle Blumen mit Zahlen aus dem 3er-Einmaleins rot aus.

- Was kannst du jetzt lesen?

# Das Dreikornfest

Am Dachslbacher Weiher wird heute das Dreikornfest gefeiert. Die Tiere tragen Fahnen mit Zahlen aus dem 3er-Einmaleins.
Aber leider fehlt auf jeder Fahne eine Zahl.
Schreibe in jeden leeren Kreis die fehlende Zahl.

- Male bitte alle Blumen mit Zahlen aus dem 3er-Einmaleins rot aus.

- Was kannst du jetzt lesen?

# Das Zauberbild

6 12 18 24 30 36 42 48 54 60

- Male alle Felder, in denen du eine Zahl aus dem 6er-Einmaleins entdeckst, mit einem Buntstift aus.
  Achtung: Manche Zahlen kommen mehrmals vor.

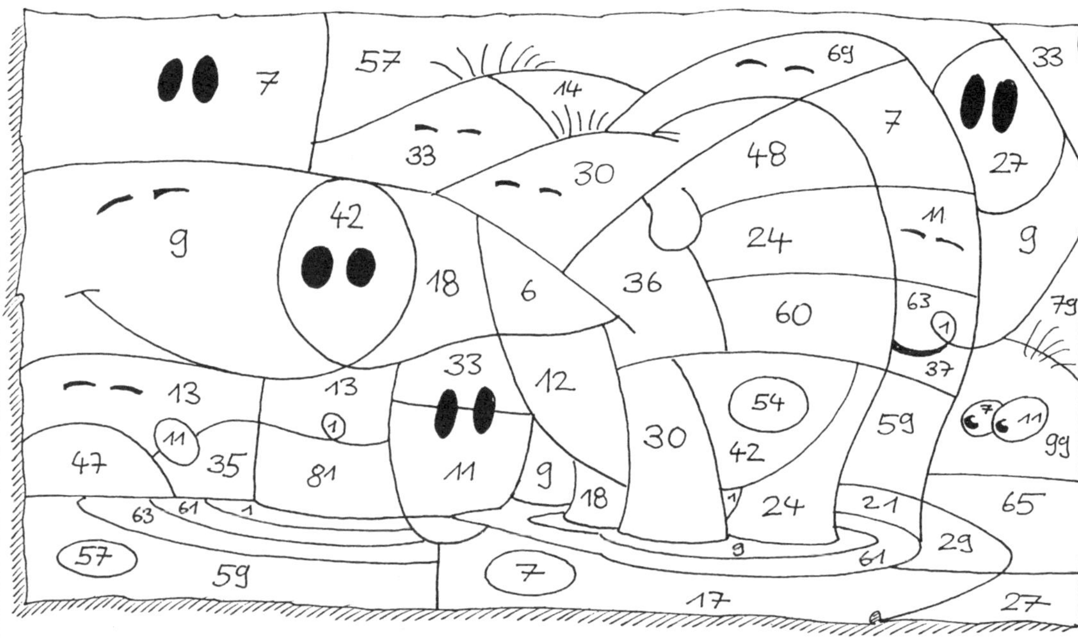


- Kannst du das? Rechne und fülle bitte die leeren Kästchen aus.

| | | |
|---|---|---|
| 3 · 6 = 18 | 5 · 6 = ☐ | 53 = ☐ · 6 + ☐ |
| 7 · 6 = ☐ | 9 · 6 = ☐ | 8 = ☐ · 6 + ☐ |
| 8 · 6 = ☐ | 1 · 6 = ☐ | 22 = ☐ · 6 + ☐ |
| 10 · 6 = ☐ | 2 · 6 = ☐ | 65 = ☐ · 6 + ☐ |
| 4 · 6 = ☐ | 6 · 6 = ☐ | 14 = ☐ · 6 + ☐ |

# Das Zauberbild

6 | 12 | 18 | 24 | 30 | 36 | 42 | 48 | 54 | 60

- Male alle Felder, in denen du eine Zahl aus dem 6er-Einmaleins entdeckst, mit einem Buntstift aus.
  Achtung: Manche Zahlen kommen mehrmals vor.

- Kannst du das? Rechne und fülle bitte die leeren Kästchen aus.

| | | |
|---|---|---|
| 3 · 6 = 18 | 5 · 6 = 30 | 53 = 8 · 6 + 5 |
| 7 · 6 = 42 | 9 · 6 = 54 | 8 = 1 · 6 + 2 |
| 8 · 6 = 48 | 1 · 6 = 6 | 22 = 3 · 6 + 4 |
| 10 · 6 = 60 | 2 · 6 = 12 | 65 = 10 · 6 + 5 |
| 4 · 6 = 24 | 6 · 6 = 36 | 14 = 2 · 6 + 2 |

# Schau genau!

In jeder Einmaleins-Reihe hat Daniel Dachs eine Zahl aufgespürt, die dort nicht hingehört. Du findest diese Zahlen bestimmt auch. Kreise sie bitte ein.

| | | | | | | | | | | |
|---|---|---|---|---|---|---|---|---|---|---|
| 2 | 4 | 6 | 8 | 10 | 12 | 14 | 15 | 16 | 18 | 20 |
| 5 | 10 | 11 | 15 | 20 | 25 | 30 | 35 | 40 | 45 | 50 |
| 10 | 20 | 30 | 40 | 50 | 52 | 60 | 70 | 80 | 90 | 100 |
| 4 | 7 | 8 | 12 | 16 | 20 | 24 | 28 | 32 | 36 | 40 |
| 5 | 8 | 16 | 24 | 32 | 40 | 48 | 56 | 64 | 72 | 80 |
| 3 | 6 | 9 | 12 | 15 | 18 | 21 | 24 | 27 | 30 | 40 |
| 6 | 12 | 18 | 20 | 24 | 30 | 36 | 42 | 48 | 54 | 60 |

○ + ○ + ○ + ○ + ○ + ○ + ○ = ○

## Schau genau!

In jeder Einmaleins-Reihe hat Daniel Dachs eine Zahl aufgespürt, die dort nicht hingehört. Du findest diese Zahlen bestimmt auch. Kreise sie bitte ein.

| | | | | | | | | | | |
|---|---|---|---|---|---|---|---|---|---|---|
| 2 | 4 | 6 | 8 | 10 | 12 | 14 | 15 | 16 | 18 | 20 |
| 5 | 10 | 11 | 15 | 20 | 25 | 30 | 35 | 40 | 45 | 50 |
| 10 | 20 | 30 | 40 | 50 | 52 | 60 | 70 | 80 | 90 | 100 |
| 4 | 7 | 8 | 12 | 16 | 20 | 24 | 28 | 32 | 36 | 40 |
| 5 | 8 | 16 | 24 | 32 | 40 | 48 | 56 | 64 | 72 | 80 |
| 3 | 6 | 9 | 12 | 15 | 18 | 21 | 24 | 27 | 30 | 40 |
| 6 | 12 | 18 | 20 | 24 | 30 | 36 | 42 | 48 | 54 | 60 |

15 + 11 + 52 + 7 + 5 + 40 + 20 = 150

# Besuch

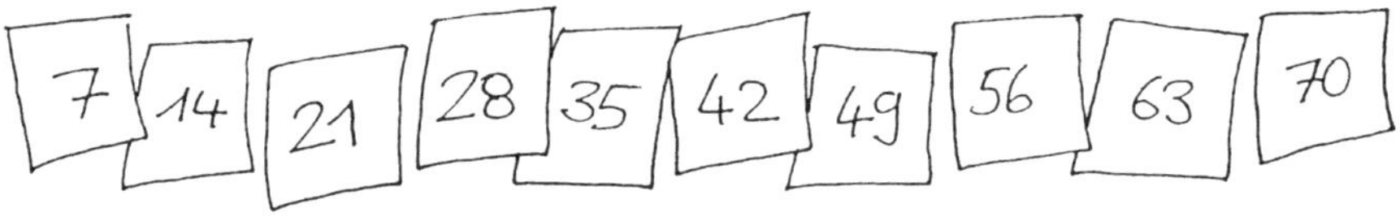


Daniel Dachs will seinen Freund Siegmund Siebenschläfer besuchen. Er folgt genau den Zahlen des 7er-Einmaleins.

- Findest du auch den richtigen Weg?
  Kreuze Siegmunds Haus an.

# Besuch

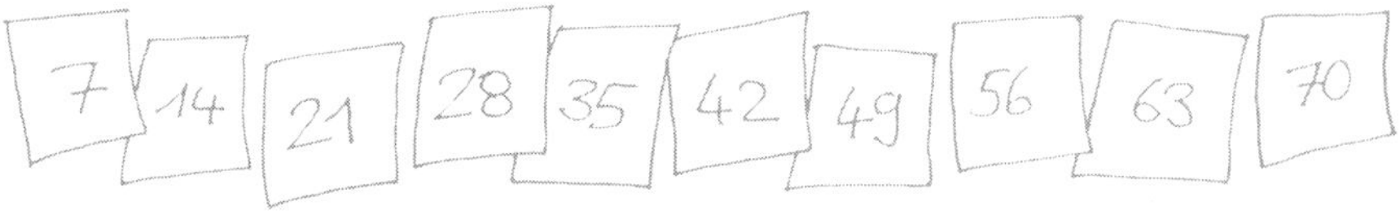


Daniel Dachs will seinen Freund Siegmund Siebenschläfer besuchen. Er folgt genau den Zahlen des 7er-Einmaleins.

- Findest du auch den richtigen Weg?
  Kreuze Siegmunds Haus an.

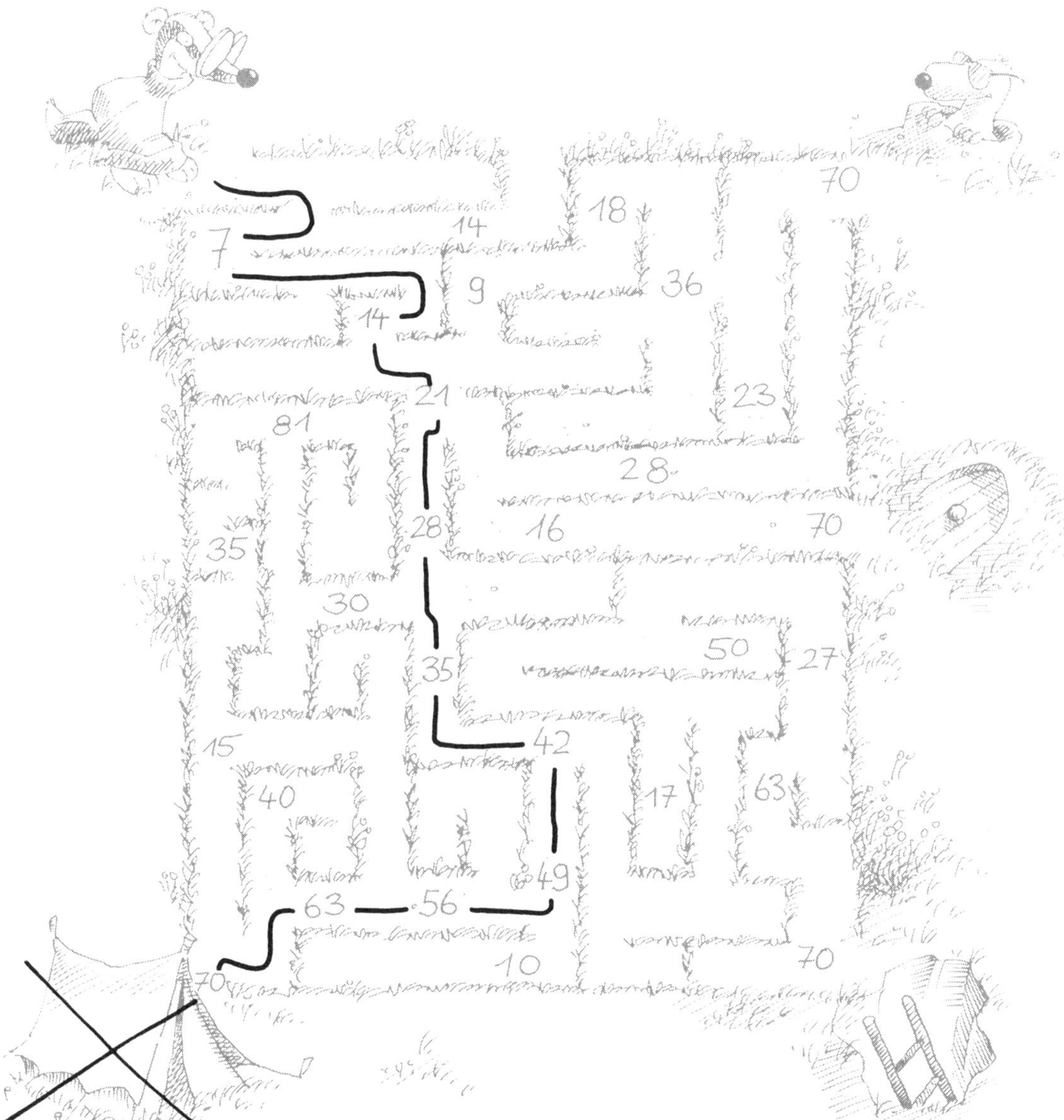

# Daniel Dachs räumt auf

Daniel möchte alle Vielfachen von 5, 7, 8 und 9 in Kisten sortieren. Bei dieser schwierigen Aufgabe braucht Daniel deine Hilfe.

- Schreibe in das kleine Kästchen neben jeder Zahl den Erkennungsbuchstaben der Kiste, in die die Zahl gehört.

A 15 | ☐ 14 | ☐ 27 | ☐ 24 | ☐ 20

☐ 42 | ☐ 54 | ☐ 16 | ☐ 18 | ☐ 30 | ☐ 21

☐ 48 | ☐ 28 | ☐ 36 | ☐ 50 | ☐ 49

☐ 25 | ☐ 32

# Daniel Dachs räumt auf

Daniel möchte alle Vielfachen von 5, 7, 8 und 9 in Kisten sortieren. Bei dieser schwierigen Aufgabe braucht Daniel deine Hilfe.

- Schreibe in das kleine Kästchen neben jeder Zahl den Erkennungsbuchstaben der Kiste, in die die Zahl gehört.

A 15 B 14 D 27 C 24 A 20

B 42 D 54 C 16 D 18 A 30 B 21

C 48 B 28 36 D A 50 B 49

A 25 C 32

# Das Einmaleins-Labyrinth

- Trage alle gefundenen Einmaleins-Aufgaben hier ein und rechne.

□ · □ = □ | □ · □ = □ | □ · □ = □ | □ · □ = □

□ · □ = □ | □ · □ = □ | □ · □ = □ | □ · □ = □

□ · □ = □ | □ · □ = □ | □ · □ = □ | □ · □ = □

# Das Einmaleins-Labyrinth

- Trage alle gefundenen Einmaleins-Aufgaben hier ein und rechne.

| | | | |
|---|---|---|---|
| 9 · 3 = 27 | 5 · 6 = 30 | 3 · 3 = 9 | 7 · 3 = 21 |
| 4 · 8 = 32 | 10 · 4 = 40 | 8 · 7 = 56 | 9 · 9 = 81 |
| 7 · 2 = 14 | 6 · 7 = 42 | 2 · 6 = 12 | 9 · 5 = 45 |

# Gute Nachbarschaft

- Überlege zuerst, zu welcher Einmaleins-Reihe die Nachbarn gehören.
- Trage dann die fehlende Nachbarzahl in das freie Kästchen ein.

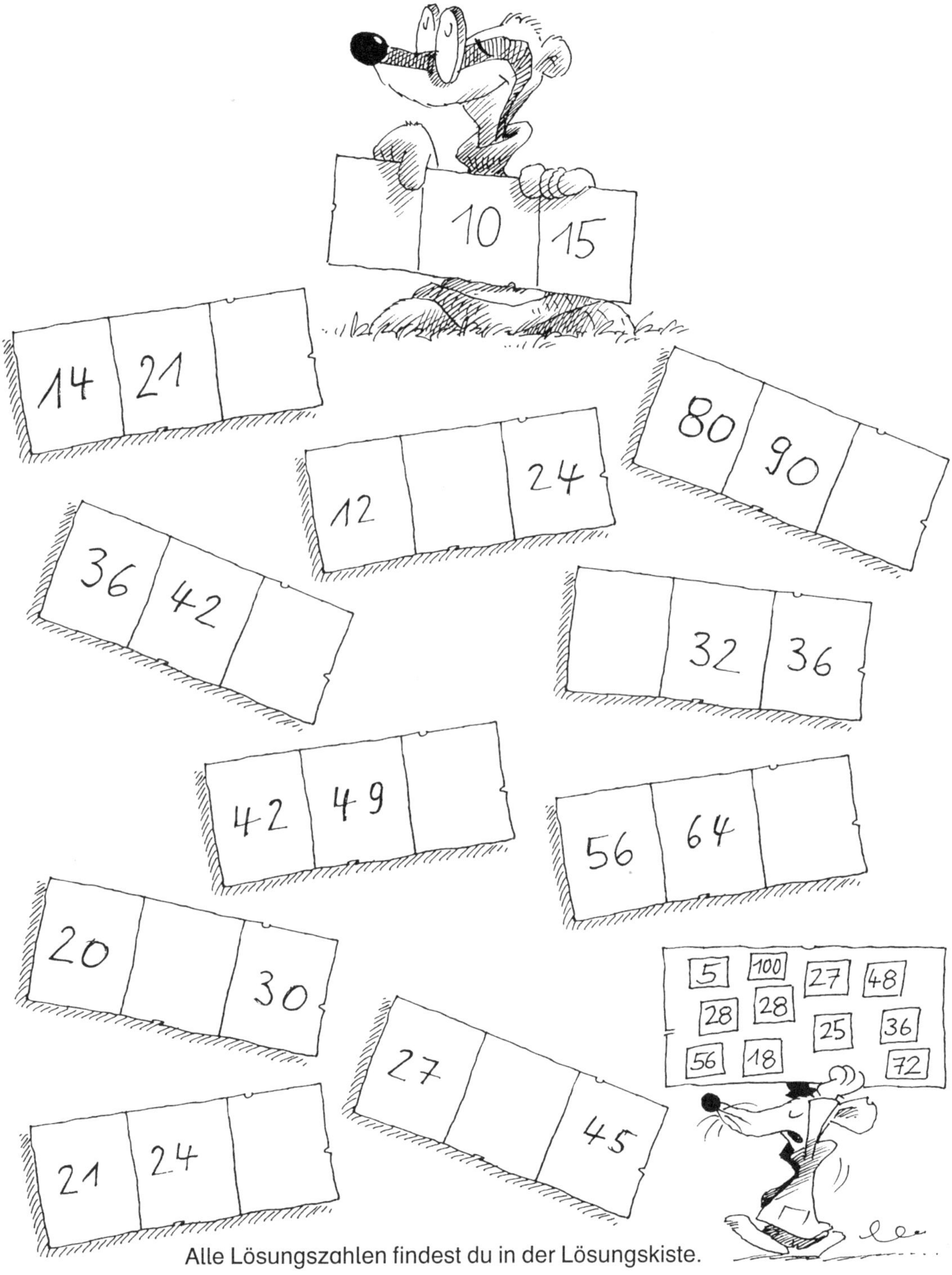


Alle Lösungszahlen findest du in der Lösungskiste.

# Gute Nachbarschaft

- Überlege zuerst, zu welcher Einmaleins-Reihe die Nachbarn gehören.
- Trage dann die fehlende Nachbarzahl in das freie Kästchen ein.

Alle Lösungszahlen findest du in der Lösungskiste.

# Die Einmaleins-Bausteine

Daniel Dachs und seine Freundin Veronika wollen die Mauer anmalen.

- Daniel malt alle Bausteine blau an, deren Aufgaben eine **ungerade** Zahl zum Ergebnis haben.
  Veronika malt die Steine rot an, bei deren Rechnungen eine **gerade** Zahl herauskommt.
  Hilfst du den beiden?

- Nach der Arbeit beschwert sich Veronika, weil sie so viele Bausteine anmalen musste.
  Überlege und fülle aus.

| | | | | |
|---|---|---|---|---|
| gerade Zahl | · | gerade Zahl | = | Zahl |
| gerade Zahl | · | ungerade Zahl | = | Zahl |
| ungerade Zahl | · | ungerade Zahl | = | Zahl |
| ungerade Zahl | · | gerade Zahl | = | Zahl |

## Die Einmaleins-Bausteine

Daniel Dachs und seine Freundin Veronika wollen die Mauer anmalen.

- Daniel malt alle Bausteine blau an, deren Aufgaben eine **ungerade** Zahl zum Ergebnis haben.
  Veronika malt die Steine rot an, bei deren Rechnungen eine **gerade** Zahl herauskommt.
  Hilfst du den beiden?

- Nach der Arbeit beschwert sich Veronika, weil sie so viele Bausteine anmalen musste.
  Überlege und fülle aus.

| | | | | |
|---|---|---|---|---|
| gerade Zahl | · | gerade Zahl | = | gerade Zahl |
| gerade Zahl | · | ungerade Zahl | = | gerade Zahl |
| ungerade Zahl | · | ungerade Zahl | = | ungerade Zahl |
| ungerade Zahl | · | gerade Zahl | = | gerade Zahl |

# Hasen-Quiz I

- Jedes Häschen stellt dir eine Frage. Verbinde sie mit der passenden Rechenaufgabe und trage die fehlenden Zahlen ein.

$\square \cdot 3 = 12$

$\square \cdot 3 = 21$

$8 \cdot \square = 40$

$\square \cdot 4 = 36$

$5 \cdot 7 = \square$

$7 \cdot \square = 56$

- Schreibe bitte zu dieser Rechenaufgabe einen Text.

$\square \cdot 5 = 30$ ____________________________________________

____________________________________________________________

___________________________________________________________?

# Hasen-Quiz I

- Jedes Häschen stellt dir eine Frage. Verbinde sie mit der passenden Rechenaufgabe und trage die fehlenden Zahlen ein.

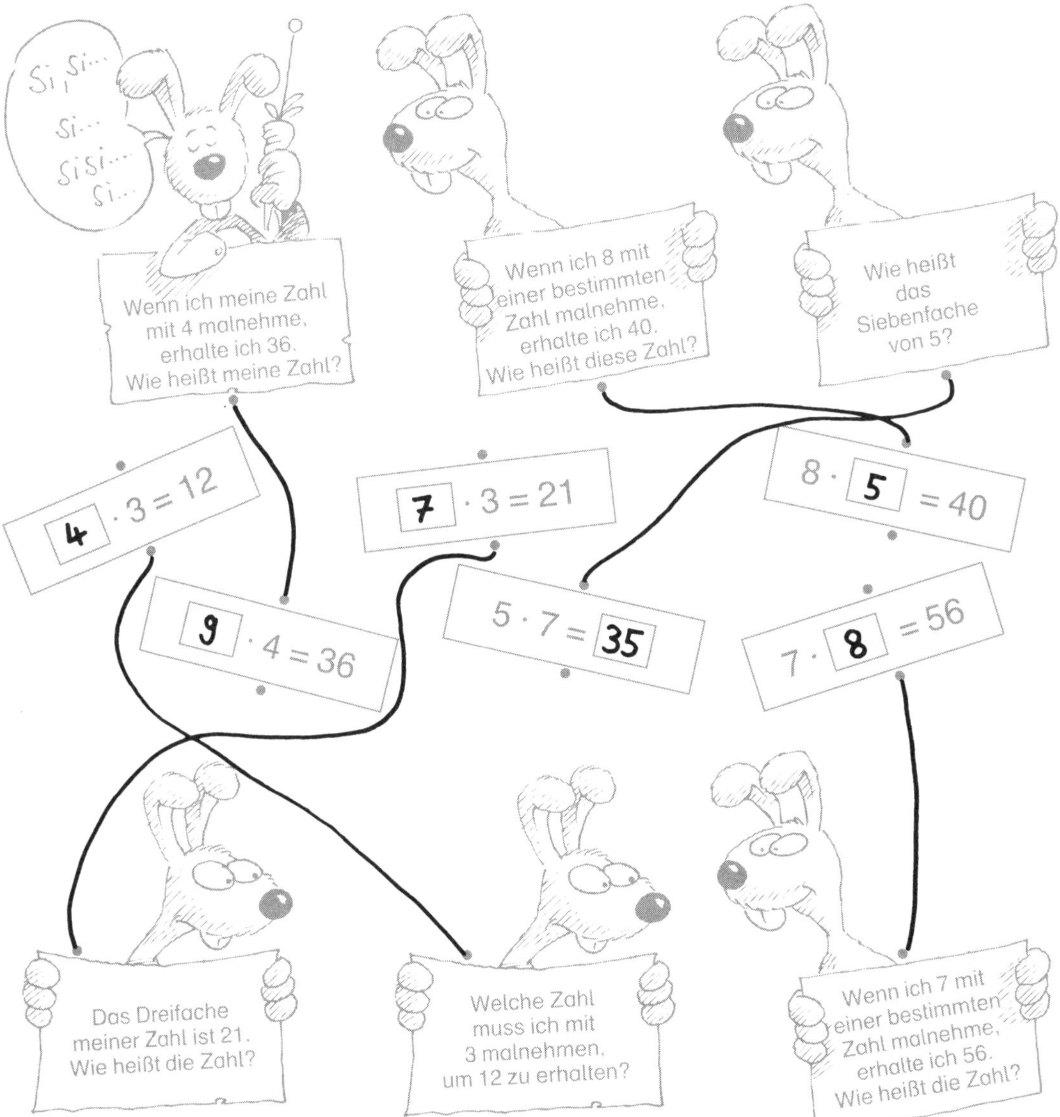


- Schreibe bitte zu dieser Rechenaufgabe einen Text.

☐ · 5 = 30 Wenn ich meine Zahl mit 5 malnehme,
erhalte ich 30.
Wie heißt meine Zahl ?

# Die Rechenwolken

- Ergänze bitte die fehlenden Zahlen in den Wolkenaufgaben.

74 = ☐ · 9 R ☐

50 = ☐ · 6 R ☐

44 = ☐ · 5 R ☐

22 = ☐ · 7 R ☐

39 = ☐ · 4 R ☐

56 = ☐ · 10 R ☐

26 = ☐ · 3 R ☐

☐ + ☐ + ☐ + ☐ + ☐ + ☐ + ☐ = ☐

# Die Rechenwolken

- Ergänze bitte die fehlenden Zahlen in den Wolkenaufgaben.

Geheimtipp: R bedeutet „Rest"!

$74 = \boxed{8} \cdot 9 \quad \text{R} \; \boxed{2}$

$50 = \boxed{8} \cdot 6 \quad \text{R} \; \boxed{2}$

$44 = \boxed{8} \cdot 5 \quad \text{R} \; \boxed{4}$

$22 = \boxed{3} \cdot 7 \quad \text{R} \; \boxed{1}$

$39 = \boxed{9} \cdot 4 \quad \text{R} \; \boxed{3}$

$56 = \boxed{5} \cdot 10 \quad \text{R} \; \boxed{6}$

$26 = \boxed{8} \cdot 3 \quad \text{R} \; \boxed{2}$

Trage jetzt alle Reste in die Kästchen ein und zähle zusammen.

$\boxed{2} + \boxed{2} + \boxed{1} + \boxed{4} + \boxed{3} + \boxed{6} + \boxed{2} = \boxed{20}$

Ist doch babyleicht! Die Lösungszahl heißt: 20!

# Die Rechensteine

Daniel Dachs hat einen einfachen Weg gefunden, wie man große Zahlen malnehmen kann.
Schau dir die Aufgaben an, mit denen er die Steine am Bach beschrieben hat.
Wenn du herausgefunden hast, wie Daniel rechnet, kannst du ihm helfen.

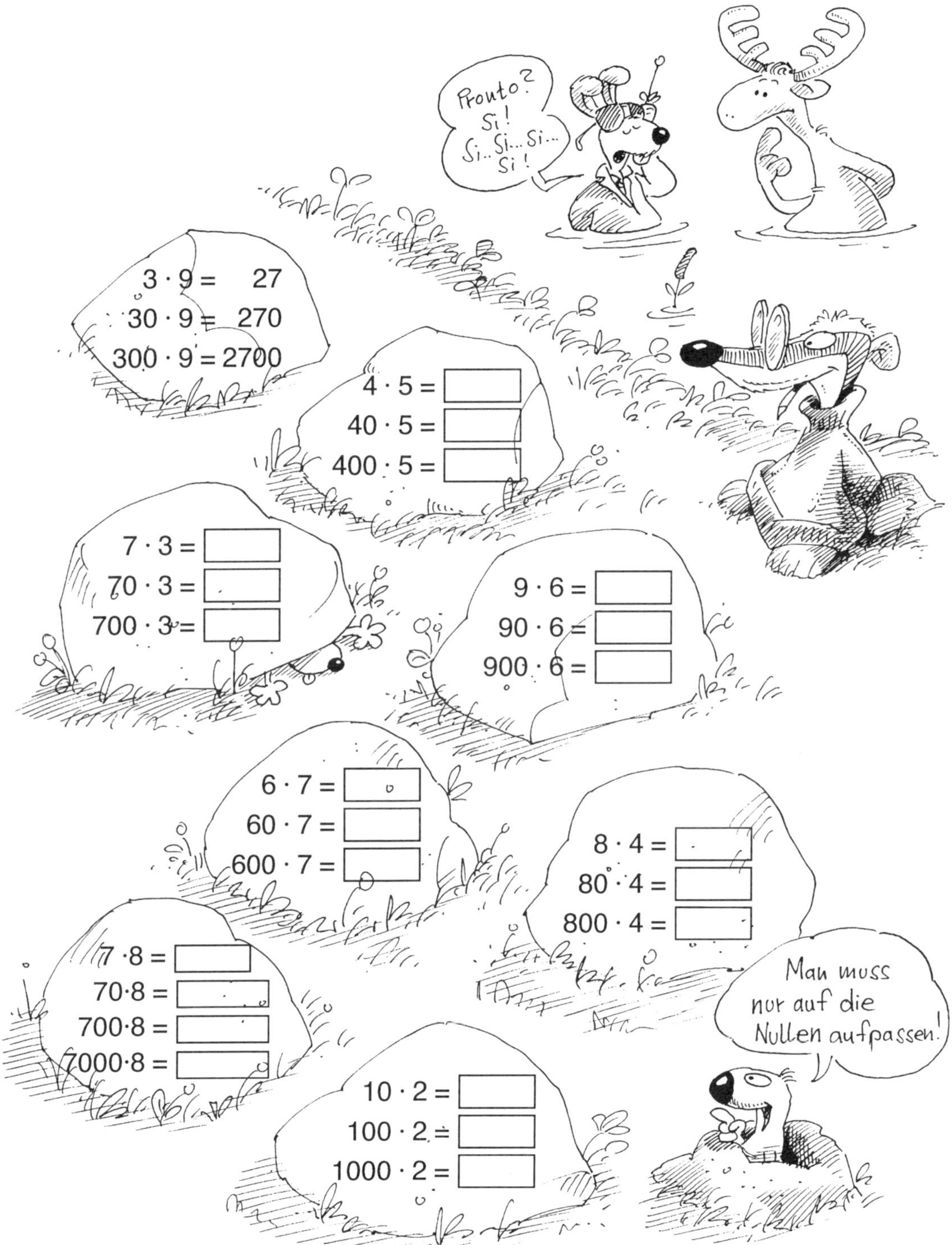

# Die Rechensteine

Daniel Dachs hat einen einfachen Weg gefunden, wie man große Zahlen malnehmen kann.
Schau dir die Aufgaben an, mit denen er die Steine am Bach beschrieben hat.
Wenn du herausgefunden hast, wie Daniel rechnet, kannst du ihm helfen.

$3 \cdot 9 = 27$
$30 \cdot 9 = 270$
$300 \cdot 9 = 2700$

$4 \cdot 5 = 20$
$40 \cdot 5 = 200$
$400 \cdot 5 = 2000$

$7 \cdot 3 = 21$
$70 \cdot 3 = 210$
$700 \cdot 3 = 2100$

$9 \cdot 6 = 54$
$90 \cdot 6 = 540$
$900 \cdot 6 = 5400$

$6 \cdot 7 = 42$
$60 \cdot 7 = 420$
$600 \cdot 7 = 4200$

$8 \cdot 4 = 32$
$80 \cdot 4 = 320$
$800 \cdot 4 = 3200$

$7 \cdot 8 = 56$
$70 \cdot 8 = 560$
$700 \cdot 8 = 5600$
$7000 \cdot 8 = 56\,000$

$10 \cdot 2 = 20$
$100 \cdot 2 = 200$
$1000 \cdot 2 = 2000$

# Aufgepasst!

In jeder Zeile ergeben zwei Zahlen miteinander malgenommen die Zahl im kleinen Kästchen. Beispiel: $12 = 3 \cdot 4$

- Kreise diese Zahlen ein.
- Nimm dann die übrigen beiden Zahlen miteinander mal und schreibe dieses Ergebnis ins freie Kästchen am Ende der Zeile.

| | | | | | |
|---|---|---|---|---|---|
| 12 | 3 | 5 | 4 | 7 | 35 |
| 72 | 10 | 9 | 8 | 6 | |
| 40 | 8 | 6 | 3 | 5 | |
| 27 | 9 | 3 | 4 | 7 | |
| 54 | 6 | 2 | 9 | 8 | |
| 20 | 7 | 4 | 5 | 2 | |
| 56 | 8 | 7 | 9 | 5 | |
| 42 | 9 | 6 | 4 | 7 | |

## Aufgepasst!

In jeder Zeile ergeben zwei Zahlen miteinander malgenommen die Zahl im kleinen Kästchen. Beispiel: $12 = 3 \cdot 4$

- Kreise diese Zahlen ein.
- Nimm dann die übrigen beiden Zahlen miteinander mal und schreibe dieses Ergebnis ins freie Kästchen am Ende der Zeile.

| | | | | | |
|---|---|---|---|---|---|
| 12 | 3 | 5 | 4 | 7 | 35 |
| 72 | 10 | 9 | 8 | 6 | 60 |
| 40 | 8 | 6 | 3 | 5 | 18 |
| 27 | 9 | 3 | 4 | 7 | 28 |
| 54 | 6 | 2 | 9 | 8 | 16 |
| 20 | 7 | 4 | 5 | 2 | 14 |
| 56 | 8 | 7 | 9 | 5 | 45 |
| 42 | 9 | 6 | 4 | 7 | 36 |

# Die Einmaleins-Geschwister

In jedem Feld gibt es drei Zahlen, die zur selben Einmaleins-Reihe gehören.

- Kreise die Einmaleins-Geschwister ein.
  Die Grundzahl steht im kleinen Kästchen.

**4**
18 36 35 45 12 11 16

**6**
35 10 81 24 18 20 36

**9**
16 81 14 72 56 54 21

**3**
38 8 15 27 9 22 25

**7**
25 14 32 50 49 9 63

**8**
6 32 14 16 63 21 64

**5**
21 35 42 72 20 36 48 45

**2**
63 18 21 14 51 15 35 6

# Die Einmaleins-Geschwister

In jedem Feld gibt es drei Zahlen, die zur selben Einmaleins-Reihe gehören.

- Kreise die Einmaleins-Geschwister ein.
  Die Grundzahl steht im kleinen Kästchen.

**4**
18 36 35
45
12 11 16

**6**
35 10
24 81
18 20 36

**9**
16 81
14 72 56
54 21

**3**
38 8
27 9 15
22 25

**7**
25 14
32 50
49 9 63

**8**
6
14 32
16
63
21
64

**5**
35 42 21
20 72
36 48 45

**2**
63 18
21
14 51
15 35 6

# Die Rechenhäuser

In jedes Haus gehören 4 Rechenaufgaben. Trage bitte die fehlenden Zahlen ein.

$7 \cdot 6 = 42$
$6 \cdot 7 = 42$
$42 : 6 = 7$
$42 : 7 = 6$

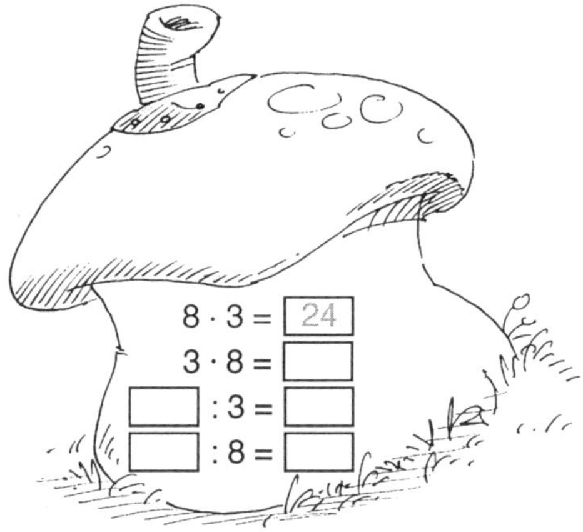

$8 \cdot 3 =$ 24
$3 \cdot 8 =$ ___
___ $: 3 =$ ___
___ $: 8 =$ ___

$5 \cdot 9 =$ ___
$9 \cdot 5 =$ ___
___ $: 9 =$ ___
___ $: 5 =$ ___

$9 \cdot 2 =$ ___
$2 \cdot 9 =$ ___
___ $: 2 =$ ___
___ $: 9 =$ ___

$4 \cdot 7 =$ ___
$7 \cdot 4 =$ ___
___ $: 7 =$ ___
___ $: 4 =$ ___

$6 \cdot 8 =$ ___
$8 \cdot 6 =$ ___
___ $: 8 =$ ___
___ $: 6 =$ ___

# Die Rechenhäuser

In jedes Haus gehören 4 Rechenaufgaben. Trage bitte die fehlenden Zahlen ein.

7 · 6 = 42
6 · 7 = 42
42 : 6 = 7
42 : 7 = 6

8 · 3 = 24
3 · 8 = 24
24 : 3 = 8
24 : 8 = 3

5 · 9 = 45
9 · 5 = 45
45 : 9 = 5
45 : 5 = 9

9 · 2 = 18
2 · 9 = 18
18 : 2 = 9
18 : 9 = 2

4 · 7 = 28
7 · 4 = 28
28 : 7 = 4
28 : 4 = 7

6 · 8 = 48
8 · 6 = 48
48 : 8 = 6
48 : 6 = 8

# Die Einmaleins-Züge

In manchen Zugwaggons fehlen noch die Zahlen. Schreibst du sie hinein?
Achte darauf, dass alle Zahlen in einem Zug aus der gleichen Einmaleins-Reihe stammen.

# Die Einmaleins-Züge

In manchen Zugwaggons fehlen noch die Zahlen. Schreibst du sie hinein?
Achte darauf, dass alle Zahlen in einem Zug aus der gleichen Einmaleins-Reihe stammen.

# Kleiner [<], größer [>], gleich [=]

- Rechne die Aufgaben und entscheide, welches Rechenzeichen passt.
- Trage die fehlenden Zeichen (<>=) in die Kreise ein.

| | | |
|---|---|---|
| 3 · 8 | < | 27 |
| 7 · 6 | ◯ | 50 |
| 3 · 5 | ◯ | 15 |
| 2 · 3 | ◯ | 7 |
| 9 · 6 | ◯ | 49 |
| 4 · 7 | ◯ | 31 |
| 10 · 4 | ◯ | 38 |
| 5 · 9 | ◯ | 45 |
| 6 · 8 | ◯ | 84 |

| | | |
|---|---|---|
| 6 · 5 | ◯ | 20 |
| 9 · 7 | ◯ | 63 |
| 5 · 5 | ◯ | 26 |
| 7 · 8 | ◯ | 46 |
| 4 · 9 | ◯ | 36 |
| 3 · 6 | ◯ | 81 |
| 2 · 7 | ◯ | 16 |
| 10 · 9 | ◯ | 79 |
| 8 · 8 | ◯ | 46 |

⇩

☐ mal [<]
☐ mal [>]
☐ mal [=]

⇩

☐ mal [<]
☐ mal [>]
☐ mal [=]

# Kleiner <, größer >, gleich =

- Rechne die Aufgaben und entscheide, welches Rechenzeichen passt.
- Trage die fehlenden Zeichen (< > =) in die Kreise ein.

| | |
|---|---|
| 3 · 8 < 27 | 6 · 5 > 20 |
| 7 · 6 < 50 | 9 · 7 = 63 |
| 3 · 5 = 15 | 5 · 5 < 26 |
| 2 · 3 < 7 | 7 · 8 > 46 |
| 9 · 6 > 49 | 4 · 9 = 36 |
| 4 · 7 < 31 | 3 · 6 < 81 |
| 10 · 4 > 38 | 2 · 7 < 16 |
| 5 · 9 = 45 | 10 · 9 > 79 |
| 6 · 8 < 84 | 8 · 8 > 46 |

5 mal <
2 mal >
2 mal =

3 mal <
4 mal >
2 mal =

# Gemeinsamkeit

Schau dir die Zahlen in jeder Reihe gut an. Suche dann nach der größten Zahl, die in allen drei Zahlen ohne Rest enthalten ist. Schreibe diese Lösungszahl in den Kreis.

| | | | |
|---|---|---|---|
| 35 | 63 | 14 | 7 |
| 50 | 25 | 10 | |
| 36 | 24 | 16 | |
| 27 | 18 | 6 | |
| 45 | 27 | 72 | |
| 18 | 36 | 12 | |
| 24 | 40 | 64 | |

## Gemeinsamkeit

Schau dir die Zahlen in jeder Reihe gut an. Suche dann nach der größten Zahl, die in allen drei Zahlen ohne Rest enthalten ist. Schreibe diese Lösungszahl in den Kreis.

| | | | |
|---|---|---|---|
| 35 | 63 | 14 | 7 |
| 50 | 25 | 10 | 5 |
| 36 | 24 | 16 | 4 |
| 27 | 18 | 6 | 3 |
| 45 | 27 | 72 | 9 |
| 18 | 36 | 12 | 6 |
| 24 | 40 | 64 | 8 |

# Hasen-Quiz II

- Trage die Lösungszahlen in die Kreise ein.

# Hasen-Quiz II

- Trage die Lösungszahlen in die Kreise ein.

# Die Zahlenbälle

15 9 56
42 72 16
11 14
63 81

Auf 4 Bällen steht eine Zahl aus dem 7er-Einmaleins. Male diese Bälle rot an.

63 35 16
42 54 18
25 81 21
27

Auf 5 Bällen steht eine Zahl aus dem 9er-Einmaleins. Male diese Bälle rot an.

12 9 14
29 11 18
28 6 16
15

Auf 3 Bällen steht eine Zahl aus dem 2er-Einmaleins **und** aus dem 3er-Einmaleins. Male diese Bälle rot an.

12 45 18
81
36 27
9 14 54

Auf 2 Bällen steht eine Zahl aus dem 6er-Einmaleins **und** aus dem 2er-Einmaleins. Male diese Bälle rot an.

32 24
10
60 40 20
80 19
64 16

Auf 2 Bällen steht eine Zahl aus dem 8er-Einmaleins **und** aus dem 10er-Einmaleins. Male diese Bälle rot an.

# Die Zahlenbälle

Auf 4 Bällen steht eine Zahl aus dem 7er-Einmaleins. Male diese Bälle rot an.

Auf 5 Bällen steht eine Zahl aus dem 9er-Einmaleins. Male diese Bälle rot an.

Auf 3 Bällen steht eine Zahl aus dem 2er-Einmaleins **und** aus dem 3er-Einmaleins. Male diese Bälle rot an.

Auf 2 Bällen steht eine Zahl aus dem 6er-Einmaleins **und** aus dem 2er-Einmaleins. Male diese Bälle rot an.

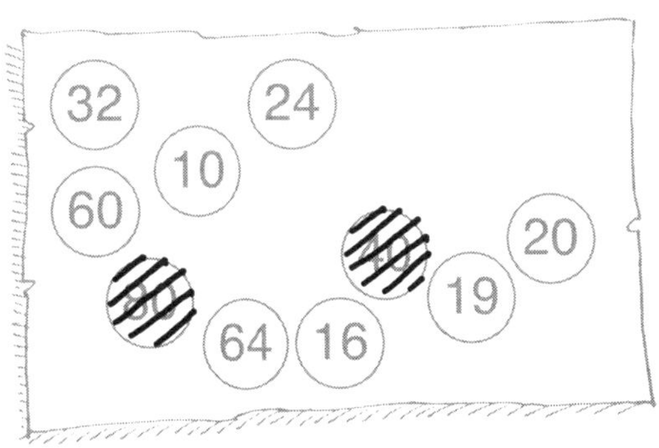


Auf 2 Bällen steht eine Zahl aus dem 8er-Einmaleins **und** aus dem 10er-Einmaleins. Male diese Bälle rot an.

# Das Kissenspringen

Daniel Dachs hat alle seine Kissen auf den Boden gelegt. Du darfst jetzt auf das erste Kissen springen. Dort wartet eine Rechenaufgabe auf dich (6 · 6 = ☐). Weißt du das Ergebnis? Dann springe weiter zu dem Kissen, dessen Aufgabe mit dem Ergebnis der letzten Aufgabe (36) beginnt. Springe so weiter und weiter und weiter!

6 · 6 = 36

36 : 9 = ☐

4 · 6 = ☐

18 : 3 = ☐

24 : 3 = ☐

8 · 5 = ☐

40 : 4 = ☐

2 · 9 = ☐

10 : 5 = ☐

- Überlege dir eine Einmaleins-Aufgabe. Z. B.: 7 · 6 = 42. Jetzt suche die passende Umkehraufgabe. In diesem Fall also: 42 : 6 = 7.

# Das Kissenspringen

Daniel Dachs hat alle seine Kissen auf den Boden gelegt. Du darfst jetzt auf das erste Kissen springen. Dort wartet eine Rechenaufgabe auf dich ($6 \cdot 6 = \square$). Weißt du das Ergebnis? Dann springe weiter zu dem Kissen, dessen Aufgabe mit dem Ergebnis der letzten Aufgabe (36) beginnt. Springe so weiter und weiter und weiter!

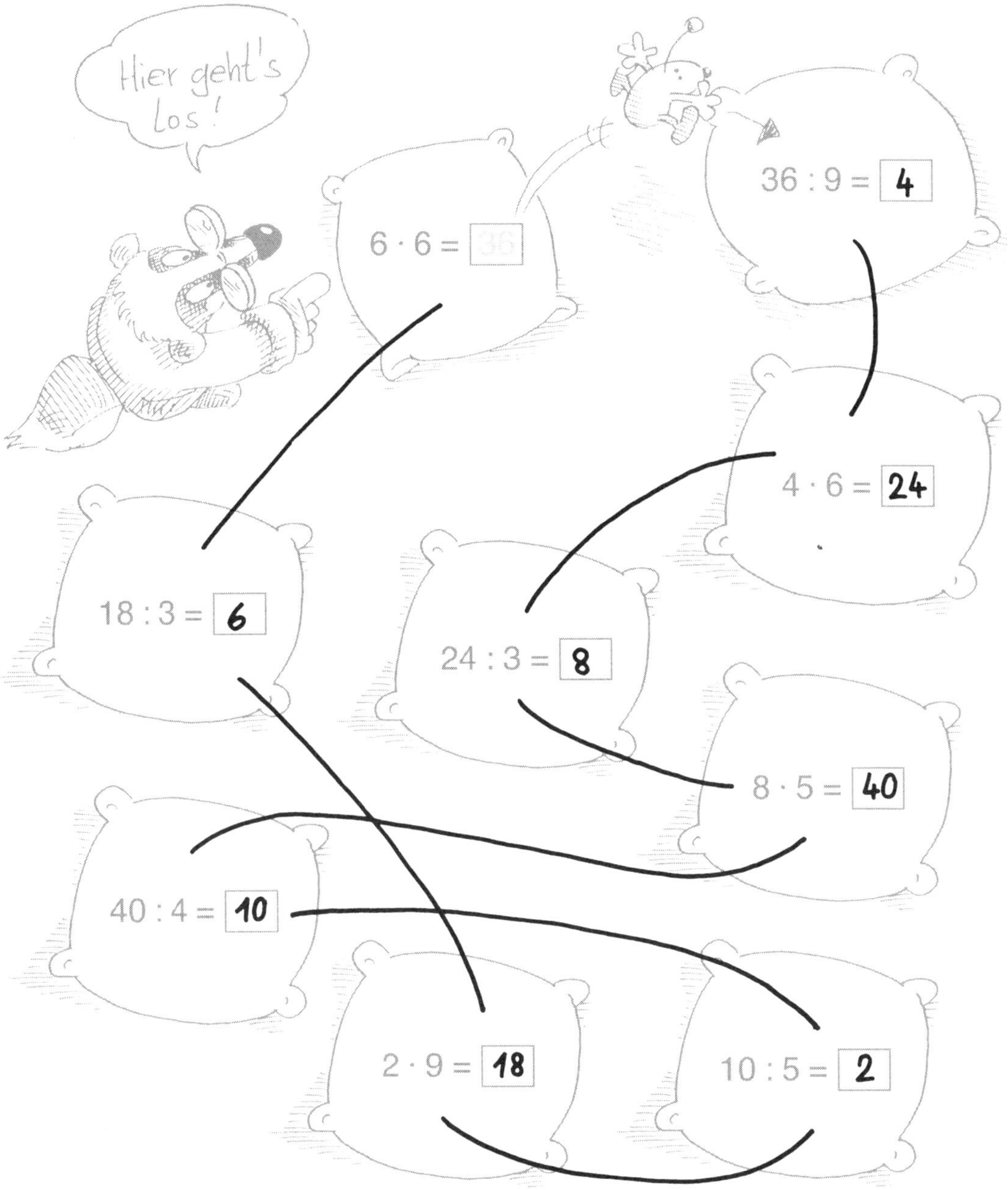


- Überlege dir eine Einmaleins-Aufgabe. Z. B.: $7 \cdot 6 = 42$. Jetzt suche die passende Umkehraufgabe. In diesem Fall also: $42 : 6 = 7$.

# Die Rechenhasen

Zu jeder Zahl im ersten Kästchen haben sich die Hasen passende Rechenaufgaben ausgesucht. Aber leider können nicht alle Häschen gut rechnen. Deshalb sind einige Aufgaben falsch. Streiche die Rechnungen, die nicht zur Ergebniszahl passen, durch.

12

20

36

18

40

24

# Die Rechenhasen

Zu jeder Zahl im ersten Kästchen haben sich die Hasen passende Rechenaufgaben ausgesucht. Aber leider können nicht alle Häschen gut rechnen. Deshalb sind einige Aufgaben falsch. Streiche die Rechnungen, die nicht zur Ergebniszahl passen, durch.

12

20

36

18

40

24

# Die Einmaleins-Nachricht

Daniel Dachs hat für seine Freundin Veronika eine Nachricht an die Mauer geschrieben. Aber wer das lesen soll, muss prima rechnen können. Hilfst du Veronika?

- Rechne eine Aufgabe nach der anderen. Trage immer gleich den Buchstaben bei der passenden Ergebniszahl ein.

12 = I
42 = ☐
25 = ☐

72 = ☐
20 = ☐
36 = ☐
49 = ☐
28 = ☐
18 = ☐

30 = ☐
16 = ☐
81 = ☐

63 = ☐
32 = ☐
56 = ☐
27 = ☐

# Die Einmaleins-Nachricht

Daniel Dachs hat für seine Freundin Veronika eine Nachricht an die Mauer geschrieben. Aber wer das lesen soll, muss prima rechnen können. Hilfst du Veronika?

- Rechne eine Aufgabe nach der anderen. Trage immer gleich den Buchstaben bei der passenden Ergebniszahl ein.

# Daniels Zahlenrätsel

Daniel Dachs hat sich ein schwieriges Spiel für dich ausgedacht. In jedem Kasten ergeben zwei Nachbarzahlen waagrecht (xx) miteinander malgenommen und zwei Nachbarzahlen senkrecht ($\binom{x}{x}$) miteinander malgenommen das Ergebnis, das über dem Kasten steht.

- Kreise diese Zahlen ein.

**10**

| | | |
|---|---|---|
| 1 | 3 | 8 |
| 10 | 2 | 5 |
| 4 | 6 | 9 |

**12**

| | | |
|---|---|---|
| 3 | 4 | 8 |
| 7 | 1 | 2 |
| 9 | 5 | 6 |

**24**

| | | |
|---|---|---|
| 2 | 8 | 3 |
| 10 | 4 | 9 |
| 7 | 6 | 5 |

**30**

| | | |
|---|---|---|
| 8 | 9 | 7 |
| 6 | 3 | 10 |
| 5 | 2 | 4 |

**40**

| | | |
|---|---|---|
| 1 | 3 | 4 |
| 9 | 6 | 10 |
| 7 | 8 | 5 |

**18**

| | | |
|---|---|---|
| 8 | 2 | 9 |
| 6 | 4 | 5 |
| 3 | 7 | 10 |

**20**

| | | |
|---|---|---|
| 10 | 3 | 7 |
| 2 | 9 | 1 |
| 8 | 4 | 5 |

# Daniels Zahlenrätsel

Daniel Dachs hat sich ein schwieriges Spiel für dich ausgedacht. In jedem Kasten ergeben zwei Nachbarzahlen waagrecht (xx) miteinander malgenommen und zwei Nachbarzahlen senkrecht ($\substack{x\\x}$) miteinander malgenommen das Ergebnis, das über dem Kasten steht.

- Kreise diese Zahlen ein.

**10**

| | | |
|---|---|---|
| 1 | 3 | 8 |
| 10 | 2 | 5 |
| 4 | 6 | 9 |

**12**

| | | |
|---|---|---|
| 3 | 4 | 8 |
| 7 | 1 | 2 |
| 9 | 5 | 6 |

**24**

| | | |
|---|---|---|
| 2 | 8 | 3 |
| 10 | 4 | 9 |
| 7 | 6 | 5 |

**30**

| | | |
|---|---|---|
| 8 | 9 | 7 |
| 6 | 3 | 10 |
| 5 | 2 | 4 |

**40**

| | | |
|---|---|---|
| 1 | 3 | 4 |
| 9 | 6 | 10 |
| 7 | 8 | 5 |

**18**

| | | |
|---|---|---|
| 8 | 2 | 9 |
| 6 | 4 | 5 |
| 3 | 7 | 10 |

**20**

| | | |
|---|---|---|
| 10 | 3 | 7 |
| 2 | 9 | 1 |
| 8 | 4 | 5 |

# Der Einmaleins-Wald

Beginne am Startbaum zu rechnen. Folge dann der Verbindungslinie mit dem richtigen Ergebnis zum nächsten Baum. Gehe so weiter, bis du am ZIEL ankommst. Lies die Erkennungsbuchstaben der Bäume zusammen, an denen du vorüberkommst.

Die Lösung heißt: ☐☐☐ ☐☐☐☐☐☐☐ !

# Der Einmaleins-Wald

Beginne am Startbaum zu rechnen. Folge dann der Verbindungslinie mit dem richtigen Ergebnis zum nächsten Baum. Gehe so weiter, bis du am ZIEL ankommst. Lies die Erkennungsbuchstaben der Bäume zusammen, an denen du vorüberkommst.

Die Lösung heißt: G u t g e m a c h t !

# Daniels Kreuzworträtsel

Rechne die Einmaleins-Aufgaben und fülle die Ergebniszahlen ausgeschrieben in das Rätselgitter ein.

# Daniels Kreuzworträtsel

Rechne die Einmaleins-Aufgaben und fülle die Ergebniszahlen ausgeschrieben in das Rätselgitter ein.

# Drillinge

In jeder Reihe waagrecht xxx und senkrecht x x x sind drei Nachbarzahlen aus einer Einmaleins-Reihe versteckt. Schau genau und kreise alle 16 Drillinge ein.

| | | | | | | | |
|---|---|---|---|---|---|---|---|
| 11 | 29 | 3 | 6 | 9 | 7 | 1 | 13 |
| 31 | 5 | 10 | 15 | 33 | 14 | 26 | 94 |
| 93 | 17 | 100 | 14 | 39 | 21 | 28 | 35 |
| 4 | 35 | 8 | 16 | 24 | 9 | 5 | 34 |
| 8 | 40 | 41 | 12 | 32 | 49 | 56 | 63 |
| 12 | 45 | 8 | 15 | 40 | 50 | 60 | 27 |
| 17 | 6 | 12 | 18 | 98 | 6 | 70 | 36 |
| 78 | 31 | 16 | 56 | 64 | 72 | 80 | 45 |

# Drillinge

In jeder Reihe waagrecht xxx und senkrecht x/x/x sind drei Nachbarzahlen aus einer Einmaleins-Reihe versteckt. Schau genau und kreise alle 16 Drillinge ein.

| | | | | | | | |
|---|---|---|---|---|---|---|---|
| 11 | 29 | 3 | 6 | 9 | 7 | 1 | 13 |
| 31 | 5 | 10 | 15 | 33 | 14 | 26 | 94 |
| 93 | 17 | 100 | 14 | 39 | 21 | 28 | 35 |
| 4 | 35 | 8 | 16 | 24 | 9 | 5 | 34 |
| 8 | 40 | 41 | 12 | 32 | 49 | 56 | 63 |
| 12 | 45 | 8 | 15 | 40 | 50 | 60 | 27 |
| 17 | 6 | 12 | 18 | 98 | 6 | 70 | 36 |
| 78 | 31 | 16 | 56 | 64 | 72 | 80 | 45 |